Le livre de la pierre philosophale

L'Alchimie

STEVEN SCHOOL

ISBN-10 :1539995119
ISBN-13 :9781539995111

CLAUSE DE NON-RESPONSABILITÉ

DÉVOUEMENT

Cet ouvrage est dédié à la génération moderne des esprits curieux et est influencé par la main du temps. C'est un tract alchimique sur l'excellent travail du soleil et Lune ou la séparation et conjointement son en bonne et due proportion comme cela se fait conformément à la nature.

CONTENU

ACCUSÉS DE RÉCEPTION

Comme la grand et vénérable Père des lumières, nous a dit dans les tablettes d'Emeraude, il a sa naissance dans la terre, le vent (eau) a porté dans son ventre, sa force il doth aquire dans le feu et de là la seule chose, viennent toutes choses par adaptation.

Sel à la Croix.
S.A.S. 2016.

www.howtomakethephilosophersstone.com

1 INTRODUCTION

Dans l'antiquité de l'alchimie, il y a deux sortes de gens, ceux qui connaissaient les secrets de l'art et ceux qui n'ont pas. Ces deux catégories de personnes ont été décrits dans la bible comme les ignorants et les sages, et c'était aussi symbolisé par le réveil d'Adam et Eve quand ils ont consommé le fruit défendu de l'arbre de la connaissance du bien et du mal. Il a été écrit que les bergers ont tendance à leurs troupeaux de moutons, c'est-à-dire celles qui sont interdits de prendre part à une telle connaissance secrète afin de maintenir la séparation des classes pour si tout le monde était égal, alors il n'y aurait aucune rois et des reines à régner sur le monde inférieur. Tout au long de l'histoire, il y a eu des réunions secrètes des sociétés secrètes, marquées par le symbolisme que l'on trouve partout. Une tasse secret, une secret boisson, boire frère et direct était la devise des initiés. Jésus à la dernière Cène, brandissant une coupe en bois, le Saint-Graal pour tous à voir, mais il est compris que par le sage. Les rares élus ou les plus lumineux. La science antique couvert un grand nombreux sujets tels que la médecine, science, métallurgie, mathématiques, astrologie, astronomie et plus encore. Hermès Trismégiste a été appelé le père de la science et a été crédité d'être un personnage clé dans le développement de l'art hermétique. Les anciens Égyptiens utilisés l'ankh comme leur symbole de vie éternelle parce qu'ils croyaient que l'homme devait vivre éternellement en parfaite santé sans maladie ou la mort. Cette théorie est marquée par l'arbre de vie dont il est écrit dans la bible. Il y en a certains qui croient que le puissant chêne peut vivre pendant des milliers d'années et outre que puisque Dieu a créé toutes choses égales à croître et se multiplier en genre, qu'ainsi il devrait être également avec nous et avec toutes les autres choses dont les métaux et les pierres. La vie éternelle, marquée par l'arbre de vie et symbolisé par un jardin secret appelé Eden pour les rares élus qui a trouvé le moyen ou étaient autrement initié, éclairé ceux qui marche sur la terre comme « Dieux » qui se considèrent être plus que de simples mortels simplement parce qu'ils possèdent les connaissances qui a été retenu des autres depuis des millénaires. Jésus a dit qu'elle était un charpentier, et presque tout le monde sait qu'ils fonctionnent avec du bois. Il aurait aussi ont parcouru la terre guérissant miraculeusement les malades avec une quantité de poudre de couleur blanchâtre. Le processus alchimique primitif a commencé avec une formule simple de feu et l'eau d'agir sur la matière. C'était aussi vu lors de diverses tribus indiennes construit canots dans lequel ils sélectionnez un tronc d'arbre et utiliser le feu pour vider avant elle trempe avec de l'eau. Ils seraient alors grattez la partie carbonisée et répéter ce travail jusqu'à ce que le canot était en forme et prêt à l'emploi. Ils l'ont trouvé plus facile de couper le bois avec le feu qu'avec les outils à main d'un ouvrier commun et voilà l'alchimie, la formule antique de feu et l'eau. Voici les points intéressants à considérer que nous avançons dans le reste de ce livre.

École de Steven. 2016.

2 ANCIENS MÉDICAMENTS

L'arbre de vie.

Alchimistes anciens croyaient que les maladies et les maladies du corps étaient seulement un effet secondaire ou un symptôme d'un déséquilibre du ph individus, tandis que les questions qui concernent l'esprit ont été associées avec de l'ammoniaque dans le cerveau ou le système sanguin. Ils croyaient aussi en une médecine, une médecine universelle qui permettrait de neutraliser l'ammoniaque acide ou même et de nous ramener à un solde de ph alcalin afin que le corps peut guérir ou se réparer en générant de nouvelles cellules. Ce « médicament » était censé provoquer un renforcement des membres (OS) et a également dit d'être connu par le fait qu'il provoque des usines s'épanouissent. Ils croyaient que peut-être nous n'avons jamais destiné à se flétrir et mourir mais plutôt pour continuer à croître comme le puissant chêne, ici dans le jardin qui a été construit pour nous. Au cours des années, j'ai entendu des histoires de près les expériences de mort qui comprenait des lumières blanches brillantes et des contes de gloire et de splendeur. J'ai des nouvelles, quand j'étais un enfant d'environ cinq ou six ans, que ma grand-mère m'a emmené sur un road trip à Tehachapi parce qu'elle voulait regarder terrains à vendre dans l'espoir de construire sa maison de rêve pour sa retraite. Pour faire une histoire courte, j'irai droit au but de la question. Comme elle a rencontré le personnel de vente, je suis restée à la Cour de récréation qui avait l'une de ces lames métalliques hautes typiques du début au milieu des années 70. Un enfant plus âgé, m'a frappé au large de la diapositive et j'ai atterri sur mon dos sur le sable, j'ai touché l'arrière de ma tête sur le pied de béton pour l'un des supports verticaux. Le monde a commencé à tourner et puis tout s'est évanouie au noir. Je me suis réveillé en trois jours plus tard à l'hôpital et ma grand-mère était assis près de mon lit. Elle a dit que j'avais mis une commotion de frapper ma tête sur le béton, mais quand j'ai atterri sur mon dos mon cœur s'était arrêté. Elle m'a dit qu'au moment où que l'ambulance arriva mon cœur ne battait pas, je n'avais pas d'impulsion, j'ai aussi ne respirais pas. J'étais complètement insensible et ils l'a informée que j'étais mort. Ma grand-mère était hystérique, ils ont essayé tout ce qu'ils pouvaient, et ils ont réussi à faire quelque chose de bon, semble-t-il, parce que j'ai réveiller trois jours plus tard. Plusieurs années passèrent et j'ai pensé à ce moment-là, se souvenant de ce qui est arrivé. J'ai même commencé à décrire les événements aux autres chaque fois que j'ai entendu des gens parler les personnes à la télévision décrivant l'après-vie ou près des expériences de mort et ainsi de suite. D'après ce que j'ai traversé ma compréhension est que j'ai été de l'autre côté et y revenir. Ce que j'ai vu, c'était rien, noirceur, vide, une absence totale de l'existence. Cette époque est révolue, il n'y avait rien là qui m'a amené à la réalisation que si nous voulons trouver la vie éternelle qui nous est promise dans la bible qu'il doit venir avant la mort et pas après car la mort est l'opposé de la vie. Tout ce que nous avons dans la mort, est exactement le contraire de ce que nous avions dans la vie, yin et yang, blanc et noir, lumière et obscurité. Le sommeil éternel de la mort, ou le don de la vie éternelle. Alchimistes avaient un intérêt dans le chêne puissant doré. Pour sa résistance, sa longévité et sa croissance continue. L'arborescence de chêne doré, le soma doré.

Un matin je me suis réveillé et préparé pour aller au travail, j'ai remarqué quelque chose de différent en ce jour, mes genoux mal et ils se sentaient comme OS contre OS. Les joints ne voulaient pas travailler correctement et je pouvais entendre en cliquant sur les bruits quand j'ai essayé d'obtenir vers le haut ou vers le bas qui était également très difficile. Il était venu rapidement et n'était pas prévu. J'ai commencé à s'inquiéter, serait j'être paralysé ? Je serais en mesure de fonctionner et à prendre soin de moi ? Cela m'a incité à la recherche de l'affaire en ligne et la première chose que j'ai rencontré au cours d'une recherche sur internet qui a attiré mon attention, c'est que les articulations endoloris et surtout les genoux est un signe d'un foie qui fonctionne mal. Je savais que lorsque je suis née mon corps créé ce qu'il faut, OS, cartilage, organes vitaux, matière cérébrale, etc.. J'ai vite compris que lorsque mon foie ne fonctionnait pas correctement, il a cessé de capacité de mon corps se régénérer et se réparer que la nature avait voulu. Mes recherches ont indiqué que le foie peut régénérer soi-disant nouvelles cellules pour se réparer dans un délai de trois mois. J'ai déposé les boissons alcoolisées, j'ai bu l'eau glacée avec tranches de citron frais. Je suis allé à deux différents magasins de vitamine pour obtenir des suppléments ainsi que vous passez votre commande en ligne certains dont ils n'a pas exploité. J'ai commencé avec chardon des pilules qui étaient censés pour être bon pour mon foie, j'ai également choisi des pilules de cartilage de requin, capsules d'huile de poisson et échinacée tisane. J'ai commencé à monter mon vélo encore une fois de plus. Tout d'abord un tour autour du bloc, puis deux, puis trois... Mes genoux se sent bien maintenant. J'ai entendu parler d'autres qui ont plutôt choisi la chirurgie qui peut laissent le tissu cicatriciel. J'ai mis ma foi dans la mère nature tout d'abord, et elle ne me laisse pas tomber. La morale de cette histoire est la suivante, je suppose que mon corps est destiné à se guérir ! Mes genoux arthritiques avait seulement un effet secondaire d'un problème sous-jacent ! J'ai presque oublié de mentionner un des suppléments que j'ai acheté et il est l'un de mon calcium plus grand favoris, corail, qui est répandu pour aider à oxygéner le corps en plus d'être une grande source de calcium à mon avis. Oxygène... le souffle de Dieu ! Quand je considère bibliques comptes de personnes soi-disant vie pendant mille ans ou plus, je contemple le fait que l'air et la qualité de l'eau doivent avoir été tellement mieux en leur temps. Aucun des milliers d'automobiles ne coincé dans les embouteillages brûle mon alimentation en oxygène précieux, sans fluor et la régulation des naissances pompé littéralement à mes robinets. Et puis, il y a les écrits bibliques qui nous demandez ne pas de manger du pain au levain, levain signifie la levure qui est un organisme vivant qui se nourrit de sucre pour créer l'alcool. Je crois que la bible a raison de ne pas vouloir cela dans notre corps. Il dit aussi ne pas de manger de porc sabots fendus, microorganismes ?, parasites ?, worms ? Je voudrais aussi parler de quelque chose que j'ai découvert récemment, les pommes de terre et les tomates sont un membre de la famille des Solanaceae des plantes. Morelle est un poison. Les pommes de terre et les tomates cependant sont seulement très légèrement toxiques, mais à cause de cela beaucoup de guérisseurs naturels conseillent de ne pas pour manger, pas plus fries Français avec purée de pommes de terre, salade de pommes de terre, ketchup, etc.. J'ai développé des varices prématurément dans la partie de la vie de ce que je suis certain est due à recevoir une brûlure du troisième degré, mais ne pas tout ça. J'ai été un fervent buveur de café pour beaucoup, de nombreuses années maintenant. Je peux boire matin, midi, soir ou même la nuit. Un pot de café suffit pour moi à l'heure du petit déjeuner. J'ai décidé d'arrêter de boire, mais après six heures mon esprit et mon corps dit mec, à l'enfer non ! Je me sentais comme si mon cerveau avait rétréci, apparemment c'est maintenant une éponge pour la caféine. Après tout, de ces nombreuses années de plus de se livrer, il s'avère une habitude difficile à briser. Mes recherches indiquent que les vaisseaux sanguins ne résistent pas, je ne crois pas qu'ils n'ont aucune élasticité à eux ce qui veux dire que si elles sont étirées, ils ne reviennent pas à leur taille ou leur forme originale. Le café contient de caféine qui reçoit le sang de pompage à toute vitesse devant copain, mais que se passe-t-il lorsque l'effet s'estompe ? Mes vaisseaux sanguins restent lâches et tendue ?, je pense qu'oui. Si cette hypothèse est correcte puis il ne nuirait à mon système cardiovasculaire ?

Au moins la caféine assure le pompage mes suppléments de calcium de corail tout au long de mon corps. Que je suis actuellement célibataire, je mange surtout micro-ondables trucs congelés préemballés. Ceci est venu à mon attention parce que je continue à recevoir des petites excroissances sur le dos de ma tête. Cancer vient à l'esprit et pour une raison quelconque, que mon instinct me dit de considérer le four à micro-ondes. Maintenant, laissez-nous revenir à la médecine antique. Pour les alchimistes depuis longtemps étaient censées avoir cru à une médecine universelle, un élixir doré, un soma doré. L'arbre de vie biblique vient à l'esprit ici, où est cette chose ?, quelle est cette chose ? Laissez-nous commencer par le premier mot de sa description, arbre. Comme une gifle au visage pourrait-il être aussi simple que cela ? Les anciens sages a écrit sur leur branche d'or leur branche dorée, ainsi qu'un golden soma ou un élixir doré. Dans leurs énigmes, ils aimaient danser autour et laissent entrevoir le chêne. Un en particulier dans mon esprit, le chêne doré. J'ai creusé les cendres de mon foyer, (cendres de chêne), j'ai eux moulu en poudre et en utilisant un plat pour mon four cuit. Mon intention était de purifier les cendres dans la chaleur de combustion loin toute impureté combustible. J'ai placé l'affaire refroidi dans mon pot de café avec quelques filtres empilés et il infusé juste comme le café. L'eau qui rempli le pot était d'une couleur dorée, j'ai certaines d'entre elles à sec évaporé et s'est retrouvé avec une poudre blanche. Le sel alcalin de potasse est un sujet intéressant lorsque nous plonger dans les écrits qui les attendent dans cette section. Les anciens alchimistes a averti que trop (surconsommation) de leur secret « élixir » serait le corps de feu et d'échappement de l'esprit. Mon hypothèse personnelle est que trop de potassium pourrait probablement causer une crise cardiaque. J'ai remarqué que lorsque j'ai Saupoudrer les cendres dans mon jardin il semble être la meilleure nourriture de plante que j'ai jamais vu, elle provoque la végétation dans mon yard à s'épanouir, luxuriante et verte. J'ai saupoudrer autour de cendres de bois et puis attendre que Dame nature provoquer la pluie. L'eau de pluie et de la cendre provoquant mes plantes de s'épanouir. Deux mille ans auparavant au premier siècle, Pline l'ancien a écrit Historia Naturalis qui je crois signifie histoire naturelle. Deux mille ans nous emmène dans les profondeurs de l'alchimie. Ce qu'un bon endroit à creuser pour comprendre la science antique ! Les écrits bien sûr sont apparemment sans fin mais ont donné un bijou. À cette époque, Pline l'ancien a suggéré qu'il pourrait laisser ton foyer être ton coffre de médecine. Un foyer est une cheminée et quel est son contenu mais les cendres de bois ? Les archéologues ont découvert des vieux OS de gladiateur de l'époque romaine. Alors qu'il étudiait les restes pour déterminer ce qui aurait pu leur régime alimentaire, il a été déterminé qu'ils ont bu une boisson médicinale des cendres de la fosse de feu mélangée avec de l'eau. Selon moi, que c'est aussi riche en strontium. Les rapports indiquent que cette boisson a aidé accélère la récupération des suites de blessures et leurs os ont également été signalés ont été plus fortes ou plus denses que ceux des gens ordinaires de l'époque. Je me souviens que Jésus marcha supposément la terre guérissant les malades, il a été dit qu'elle était un charpentier et elles fonctionnent avec du bois. Certaines personnes croient qu'il avait un sac de poudre blanche qui at-il ajouté à l'eau, (transformé l'eau en vin). J'ai entendu des opinions que le Saint Graal est la coupe de Jésus, et qu'il était censé être en bois. Je crois qu'il peut contenir ces une tasse pour le monde de voir à l'image de la dernière Cène. Bois, feu et eau, une boisson, une médecine, alchimie. Peut-être un secret destiné uniquement pour ceux qui ont des yeux pour voir ? Nous allons jeter un oeil à ce que Moïse a à dire, il n'était pas censé avoir vécu pendant environ 986 ans environ ?

EXODE 32 : 20 VERSION ANGLAISE STANDARD.

Il prit le veau qu'ils avaient fait et il consumées par le feu et branchez-le à la poudre et il dispersés sur l'eau et faites le peuple d'Israël le boire se.

Je crois qu'il y a longtemps, à l'époque oubliée avant les jeux vidéo ont été inventés, que certaines personnes utilisé pour sculpter des figurines en bois.

Le sel du monde ?, le sel de la terre ?.

Matthew 5:13King James Version (KJV)

[13] Vous êtes le sel de la terre : mais si le sel a perdu sa saveur, avec quoi doit il être salé ? il est dorénavant plus bon à rien, mais à être jeté dehors et à être foulé aux pieds des hommes.

04:13-14King de John James Version (KJV)

[13] Jésus répondit et lui dit, quiconque boit de cette eau est soif encore :

[14] , Mais celui qui boit de l'eau que je lui donnerai ne doit jamais soif ; mais l'eau que je lui donnerai aura en lui un puits d'eau jaillissant en vie éternelle.

Je tiens à mentionner maintenant mon avis sur l'arbre de la connaissance du bien et du mal. Cet arbre dont Adam et Eve étaient censées avoir mangé du fruit défendu. Interdit, interdit, interdit, illégaux, persécutés, poursuivis, **expulsé du jardin bébé, mains off.**

Genèse 02:16-17King James Version (KJV)

[16] Et le SEIGNEUR Dieu commanda à l'homme, disant : de tous les arbres du jardin tu pourras manger librement :

[17] , Mais de l'arbre de la connaissance du bien et du mal, tu ne mangeras pas de lui : car le jour où tu en mangeras, tu mourras certainement.

Je vais partager ma compréhension de cette question en termes simples, le Cannabis n'est pas une plante, c'est un arbre. J'ai vu les arbres gros et grands et avec de l'écorce sur eux. Quelle plante pousse dix-huit ou plusieurs pieds de hauteur avec une écorce épaisse là-dessus ? Un arbre. Les chercheurs sont maintenant théorisation que le cannabis provoque la neurogenèse qui est la capacité du corps à réparer son propre cerveau endommagé par la croissance de nouvelles cellules. Me rappelle mon foie et mes genoux que nous avons couvert plus tôt. Consommation du « fruit défendu » semble stimuler la pensée profonde et profonde. Il y a certaines personnes là-bas qui a émis l'hypothèse que ce matériau peut avoir des qualités vers des choses comme le cancer qui guérissent. Il a également eu des rumeurs que cette substance pourrait avoir la capacité de réparer les lésions cérébrales causées par la consommation excessive d'alcool. Laissez-nous avancer maintenant, pour le prochain sujet que je souhaite aborder.

Tout au long de l'histoire le vinaigre a été utilisé comme tonique médicinal souvent infusé avec des choses telles que des herbes, épices, huiles essentielles, ail, oignons, safran des Indes ou une grande variété d'autres choses. Il a été utilisé par voie topique ainsi qu'intérieurement. Je bois une petite quantité de temps en temps diluée dans l'eau glacée, j'utilise aussi parfois un peu de vinaigre de cidre de pomme par voie topique sur mon psoriasis. Un autre remède à la maison que j'ai essayé est un peu de bicarbonate dans un verre d'eau. J'ai émis l'hypothèse que celle-ci pourrait être alcalinisants ou peut-être équilibrer le PH. Plus loin, je présume qu'il peut neutraliser l'ammoniaque dans le sang qui bien sûr est seulement mes pensées ou ses opinions et ne constituent pas un avis de n'importe quel type.

Antiques grecs praticiens de la médecine comme Hippocrate (400 avant J.-C.) étaient censées avoir mélangé vinaigre de cidre de pomme avec du miel comme médicament pour une variété de maux. Vinaigre a été également censément utilisé environ 218 av. J.-C. à s'effriter de gros rochers. Un incendie a été construit contre les grosses roches pour les faire très chaud et ensuite le vinaigre a été coulé sur causant les rochers à craquer. L'eau et le feu, alchimie au travail, j'espère qu'ils portaient des lunettes de sécurité. Je crois que nous avons parcouru Cléopâtre dissolvant perles dans du vinaigre dans la section sur les pierres précieuses alchimique. Il y a eu des rumeurs que le vinaigre peut être utile dans la réduction ou l'élimination des micro-organismes. À l'époque de Jésus vinaigre a également été appelé vin qui peut être vu dans la bible et ce qui est intéressant car il peut aider à comprendre certains versets de ce livre. Époque médiévale vinaigre a été infusé à l'ail et consommé comme une boisson médicinale pour conjurer la peste. Dans les temps modernes c'est censé être appelé quatre voleurs vinaigre. Vinaigre a été utilisé dans le passé comme antiseptique pour nettoyer et désinfecter les plaies. Les alchimistes européens du moyen-âge ont été également connus pour avoir utilisé le vinaigre dans leurs œuvres alchimiques concernant la pierre philosophale.

Comme un arbre pousse minéraux solubles et éléments nutritifs sont transportés vers le haut dedans par l'action de l'eau où ils deviennent théoriquement verrouillées dans le bois. Alchimistes croyaient que ces blocs de construction de la nature pourrait être libérés et séparées par l'action du feu et l'eau. De noirceur vient la blancheur, la Colombe blanche.

3 LE FEU SECRET

Dans les recherches sur l'histoire de l'alchimie, on a tendance à venir à travers les références à une eau secrète qui était censé être requis afin d'effectuer ou de procéder à la grande œuvre de l'opus magnum. Cette substance a été répandue pour contenir ce que les alchimistes appelle le feu secret. Dans les écrits de Théophraste Paracelse, il a suggéré que cette eau a été vendue par les apothicaires de son temps. John Pontanus a écrit qu'il n'avait pas plus de deux cents tentatives lors de la création de sa pierre jusqu'à ce qu'il a lu les écrits alchimiques d'Artephius qui lui attribue pour lui donner la bonne compréhension de la matière. En quoi consiste cette eau apparemment insaisissable ?

D'après les écrits d'Artephius, **d'ARGENT VIVE.**

Alchimistes aimaient à communiquer à travers le symbolisme, codes secrets et anagrammes comme vive d'argent. Tout simplement réarrangez les lettres pour révéler le secret... VINEGARET. **Vinaigre** dans la terminologie moderne.

Nicholas Flamels lettre à son neveu, il a évoqué ses conseils à ce sujet, **(sais pas avec quel agent doit être enrichi de vos « mercure » ou il sera sous l'eau courante).**

Le vinaigre blanc est principalement de l'eau distillée avec une petite quantité d'acide acétique. L'acide acétique est le « feu secret » contenu dans l'eau ce qui était nécessaire pour réaliser l'opus magnum alchimique. Dans les temps modernes, cela s'appelle tout simplement le chemin d'accès de l'acétate de métal.

La clé secrète qui ouvre les métaux.

4 L'ÉCOLE DES SORCIERS

Le terme Pierre philosophale sonne à la plupart des gens comme si il en déduit un secret et mystique Pierre, alors que pourtant d'autres croient encore que c'était peut-être même mythique dans la nature. Nous allons commencer cette section avec un éclairage de ce qui était la « pierre ». L'alchimie est une étude et ou la réplication de la nature. La méthode simple et ancienne de feu et l'eau agissant sur la matière. Alchimistes savaient trois domaines fondamentaux du travail, plante, animal et royaumes minérales. Médicaments pour les mammifères étaient censées être trouvé dans les deux premiers royaumes tout en teintures des minéraux tels que les métaux et pierres précieuses ont été censés se trouve dans le second. La méthode de travail dans le règne minéral a été appelée à temps le chemin de l'acétate métal modernes. Minerais métalliques ont été travaillés sur par les anciens sages avec du vinaigre pour produire des acétates de métal toxiques qui ont été traitées plus loin dans ce que l'on appelait hypothétiquement philosophe de pierres. Puisqu'il n'y a plus d'un minerai métallique qui serait compatible avec le chemin d'accès de l'acétate de métal, il n'y avait plus d'une pierre philosophale. Il y avait autant de pierres différentes étant donné que ces minerais compatible. Chaque « pierre » avait son propre spectre de couleur selon la teneur en minéraux du minerai. Certains minerais pourrait être plus difficile à briser, ils aurait pu être plus compatibles avec la voie sèche qui a commencé par la torréfaction. Selon moi, qu'il est important de noter ici, même si cette section n'est pas sur les techniques ou méthodes cependant grillage de minerais produit ce qu'on appelait le souffle venimeux du dragon qui tue ou tue tout sur son passage. N'essayez pas de ces choses à la maison, ne pas respirer les vapeurs, ne consomment pas de toute substance. Ce livre est écrit uniquement à des fins de référence historique et ne vise pas à fournir des conseils de tout type. Donc, théoriquement parlant il serait autant de pierres de différents philosophes qu'il sont a des minerais métalliques compatibles avec le chemin d'accès de l'acétate de métal. Alchimistes inventé des colorants pour beaucoup de choses telles que verre, tissus, vaisselle, assiettes, tasses, gobelets, tapisseries et selon la légende métaux ainsi que des pierres précieuses. Chaque pierre a son propre spectre de couleurs, comme nous l'avons mentionné précédemment. Un exemple de ceci serait rouge pour le fer (Mars) tout en fer et soufre (Pyrite de fer) est associé à la couleur de l'or. Selon la croyance alchimique, l'alchimiste assistée par nature dans la création de leurs pierres, les matériaux travaillées sur ont été choisis par le spectre de couleur selon l'intention de chaque artiste individuel. (Ce qu'ils comptaient utiliser leur pierre pour). Et l'idée de base était que ces fourni couleur pour pierres précieuses alchimique comme transmutation (fusion) des métaux. Il y en a certains qui croient que quand la nature crée des pierres précieuses dans la croûte terrestre qui la couleur provient de ventilées ou décomposée de minerais métalliques. C'est intéressant parce que de nombreux mineurs de hard rock or croient que l'or se trouve souvent dans les veines de Limonite dans laquelle les cristaux de Pyrite de fer ont décomposé. Alors peut-être les praticiens de la science antique destiné à suivre les travaux de la nature dans la création et ou de coloration des métaux et pierres précieuses. Une autre croyance était que toutes choses descendent ou évolueraient vers l'or au fil du temps et ce qui est intéressant quand je regarde pyritisées fossiles. Soleils de pyrite, (le soleil alchimique semble familier ici) escargots de pyrite, oeufs de pyrite, etc. décomposé cristaux de pyrite dans les veines de limonite, or.

Certaines personnes aiment à penser de la pierre comme un cristal de sel et de comparer le travail à la croissance de cristaux de base.

Cela semble simplifier la question.

5 LA VOIE HUMIDE GUALDUS

Trituration - à broyer en une poudre fine, aussi fine que les peintres broyer les couleurs. Crédit - Théophraste Paracelse.

Le microcosme scellé de l'alchimiste. Dans la terminologie moderne, cela peut être appelé un écosystème. L'affaire était au sol à poudre et placées dans la riposte (une partie). Le vinaigre a été ajouté (deux parties). Alchimistes aimés d'abord l'excellent travail au printemps et en progression dans les mois d'été conformément à la nature afin qu'aucune chaleur externe n'était nécessaire. Température ambiante ou la lumière du soleil pour une distillation solaire. Comme Flamel dit, la chaleur d'une poule de couver. Durant les mois d'hiver que quelques alchimistes enterré leur navire sous leur maison dans la boue lors de l'utilisation de la méthode d'un navire, d'autres utilisés fumier de cheval frais, cendres chaudes, même lessive pour garder la vitre chaude ou à proximité de la température corporelle. Le travail s'est poursuivi lentement et naturellement, dissolution, extraction, sublimer, circulation, exaltant, distillation. L'agent et le patient, le volatile et le fixe.

Comme le vinaigre dissout la matière dans la riposte, il a commencé à libérer l'origine naturelle de l'acide sulfurique dans la pyrite de fer. Ce liquide clair a été appelé le sang du lion vert (sulfure de fer) et a été distillé doucement les rênes avec le vinaigre blanc par la main de la nature, les alchimistes a averti que le praticien définit uniquement les conditions appropriées, nature fait le travail, sans l'imposition des mains. Dans la riposte a eu lieu les changements de couleur que les travaux avançaient. Noir, blanc, jaune, la queue des paons et rouge.

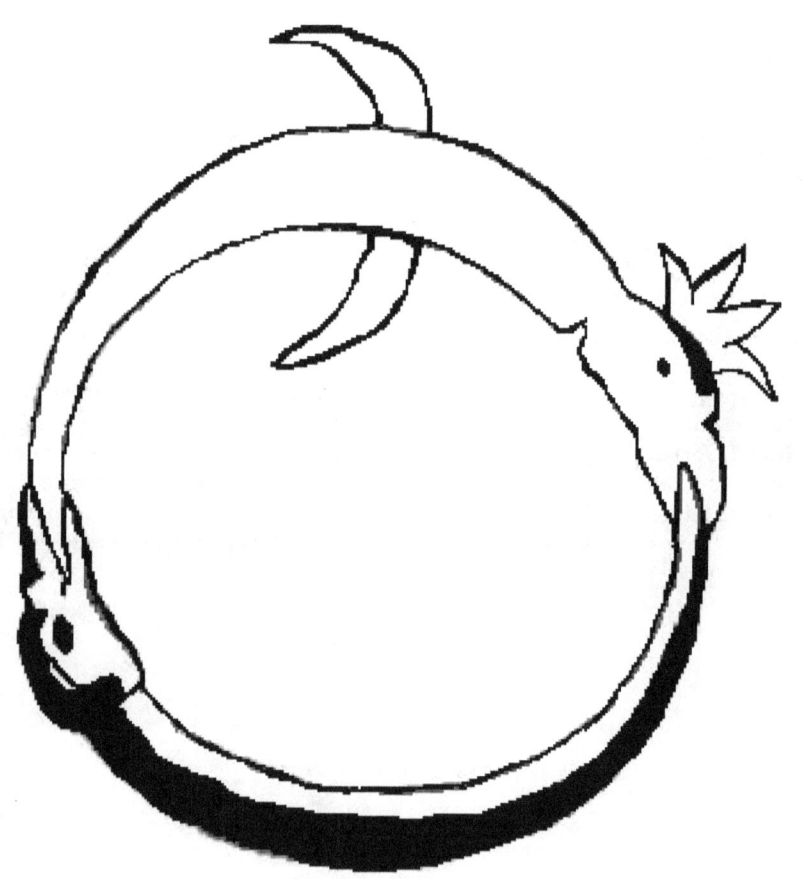

Ce que signifie l'Ouroboros, la pyrite de fer fixe dans le navire ci-dessous, le vinaigre volatil laissant la question et passer les rênes de la riposte, c'est dans un cercle parce qu'il sera de retour encore et encore. Quand la terre sèche apparaît, (la pyrite est sec) le vinaigre dans le récipient est versé sur la pyrite de fer. Chaque fois que ce qui s'est passé un rempli tour à la roue alchimique. Avec chaque répétition le vinaigre prend plus d'acide sulfurique de la matière étant dissoute, cette multiplication ou l'exaltation (circulation) sera poursuivie jusqu'à ce que tout le « or » (acide sulfurique) est allé les rênes. « mercure » des sept aigles était censé influencer la lune (produits de la pierre blanche), aurait été « mercure » des dix aigles ont pouvoir de calcine le soleil, (finition exaltant la pyrite dans la pierre philosophale). Quand le vinaigre avait repris l'acide sulfurique la barre dans le réceptacle les anciens alchimistes l'appelaient alors « notre vinaigre plus forte », ou « bien actionné mercure ».

Actionné par = activé. Le liquide est devenu plus fort ou plus puissant à chaque tour de la roue alchimique. « Burning » ou « calcination » la question de « l'eau » se déclenche pas.

C'est pourquoi les alchimistes terme brûlent avec de l'eau pas de feu. Une calcination philosophique dans le « chemin humide ».

Cet Ouroboros représente le grand travail de soleil et lune, roi et Reine, le volatile et fixe.

Chaque circulation exalté supposément la question plus avant.

6 LA MÉTHODE SENDIVOGIUS

L'affaire était au sol à poudre et placé dans le vaisseau. Le vinaigre a été ajouté et le dessus recouvert de protection contre la poussière respirable pour permettre l'évaporation se produire tout en gardant les insectes ou la poussière sur. le vinaigre dissout, extraits et sublime la matière. Dans ce type de sublimation alchimique la matière dissoute prend sa source dans le liquide et adhère aux parois du verre dans la partie supérieure, tandis que les impuretés tombent au fond du bocal. Sécheresse la pyrite de fer était mouillée avec vinaigre frais et ce processus répété à onze reprises. La première matière des métaux (Flamels sublimé mercuriel ou la pierre blanche) coincé hypothétiquement au verre tout d'abord, dans les imbitions ce dernier que le sel fixe (semences alchimique de l'or) a finalement été libéré du minerai ventilées. Les deux mêlent dans l'eau pendant les imbitions finales laissant « Pierre » du philosophe collée à la partie supérieure du pot où il pourrait être grattée après pouvoir sécher. Il a été dit d'être une nouvelle étape après le sublimé mercuriel ou « vierges lait » a été recueilli et on l'appelait inceration, qui était de « réparer » l'affaire et à le rendre fusibles comme de la cire afin qu'elle résisterait au feu, et cela a été fait en chaleur. Maintenant laissez-nous comprendre cela dans Sendivogius mots de la nouvelle lumière chimique.

La première matière des métaux est double, et un sans l'autre ne peut pas créer un métal. La matière première et principale est l'humidité de l'air que se mêlait à la chaleur. Cette substance, les Sages ont appelé mercure, et dans la mer philosophique, elle est régie par les rayons du soleil et la lune. La seconde substance est la chaleur de la terre, qui s'appelle le soufre.

Son apparence est celle d'eaux mazouteuses adhérant à toutes choses purs et l'impurs ; mais dans certains endroits, il se trouve plus abondamment que dans d'autres parce que la terre est plus ouvert et plus poreux dans un endroit que dans un autre et a une plus grande force magnétique. Quand il devient manifeste, il est vêtu d'un certain vêtement, surtout dans des endroits où il n'a rien de s'accrocher à. Il est connu par le fait qu'il est composé de trois principes ; mais, comme une substance métallique, il est seul sans aucun signe visible de conjonction, sauf que l'on pourrait appeler sa tunique ou occulter le soufre.

Les métaux sont produites de cette façon : après les quatre éléments ont projeté leur pouvoir et leur vertus pour le centre de la terre, ils sont, dans les mains de l'archeus (eau) de la nature puis distillée et sublimé par la chaleur du mouvement perpétuel vers la surface de la terre. Car la terre est poreuse, et l'air par distillation à travers les pores de la terre est résolu dans une eau par laquelle toutes choses sont générés. (archeus est le vinaigre).

L'artiste seulement sépare ce qui est subtil de ses éléments grosser et le met dans le récipient approprié. Nature fait le reste. Hors un surgissent deux, et sur deux se posent un.

INCERATION.

Le « lait de vierges » qui s'exprime de la plus grande partie de la pierre est ensuite soigneusement préservé dans un ovale en forme de bateau de distillation en verre et est quotidiennement changé merveilleusement par le feu vivifiant.

Crédit, Michael Sendivogius.

Voilà qui termine le chemin humide Sendivogius.

7 LA VOIE SÈCHE DE FLAMEL

Dans la voie humide de l'alchimie dont nous avons déjà examiné l'alchimiste cuit tout d'abord leur « feu » dans leur « eau » et puis plus tard rôti la question qui s'appelait inceration. La voie sèche de l'alchimie est la même, cependant les étapes ont été tout simplement renversés et il a également dit d'être beaucoup plus rapide. La voie sèche était censée être plus dangereux puisque l'alchimiste était rôtir leurs minerais, tandis que la méthode est plus humide produit censé être un meilleur produit final. Pendant le grillage du minerai, les variations de couleur ont été montrant que toutes les couleurs des paons de queue jusqu'à ce que le dernier rouge fixe a été réalisé. Le feu est tombé en panne la question et brûlé les impuretés combustibles. Il en est résulté le lion rouge qui était alors transformé en le plaçant soit dans la riposte (méthode Gualdus) ou le bocal (méthode Sendivogius) et puis imbibé de vinaigre. L'alchimiste antique d'ensuite avec les imbibitions ou circulations jusqu'à ce que l'exaltation de l'affaire était terminée. Théophraste Paracelse préféré l'alambic pour l'opus de magnum alchimique (méthodes humides ou sèches). Donc pour simplifier ceci, la voie sèche était identique à la voie humide, sauf que l'affaire était complètement grillé tout d'abord. Au cours de la couleur des circulations, des changements ont été revus.

Nicholas Flamel croyait avoir découvert les secrets de l'alchimie après une vie d'étude diligente, il a aussi été dit que même avec la connaissance secrète, il est resté un vendeur livre humble et était connu pour un don de sommes importantes aux organismes de bienfaisance dont églises, hôpitaux et des habitations pour les sans-abri. Son tombeau a été répandu pour avoir été trouvé vide.

TRANSMUTATION MÉTALLIQUE 8

Transmutation métallique des métaux a été envisagée par les chercheurs depuis des siècles. Certains ont réfléchi à la fusion nucléaire alors que d'autres ont considéré la fusion froide. Les scientifiques ont émis l'hypothèse que le soufre élémentaire est le noyau de l'atome d'or, certains ont exprimé leur opinion que lorsque des métaux sont produits naturellement dans lave actif s'écoule huit fois plus d'or pourrait être produite si le soufre est présent dans l'équation. Les anciens alchimistes expérimentèrent avec l'idée de faire tomber les métaux pour extraire leur sel et soufre des principes à l'aide de mercure « philosophique » (vinaigre). Une théorie veut que peut-être ces principes soufre et sel devaient être rejoint ou fusionnés ensemble pour créer une pierre. Je crois que la transmutation est ancienne terminologie et qu'à cette époque moderne nous pourrions simplifier l'affaire en le qualifiant de fusion. En métallurgie primitive potasse a été utilisé comme agent fluxage pour purifier les métaux aussi bien en ce qui concerne la fusion. Cendre de bois était calcinée et moulu en poudre. Ce matériel a été mélangé avec des minerais métalliques dans des creusets et fondu avant d'être coulé dans des moules et laisser refroidir. La pièce métallique qui en résulte a été frappée puis lâche de la moisissure et les scories en train de s'effriter. Ce processus était censé nettoyer le métal en séparant les impuretés dans la potasse qui solidifiées sur le dessus. Cela semble être la base qui conduisent à l'invention de l'acier (une forme exaltée de fer). Une fois que le métal était nettoyé de ses impuretés, elle est prête pour la fusion au cours de laquelle plus de flux peuvent être ajouté. Ma compréhension est que le métal serait ont ensuite été fondu à nouveau dans un creuset avec l'agent fluxage au feu de bois, puis la masse fondue remué avec une barre de fer, tout en laissant tomber la « pierre » dans le mélange. L'agitation continue jusqu'à ce que l'effet désiré a été atteint et ensuite versé dans des moules et laisser refroidir généralement sous la forme de barres. Petits tirets ont été rayés dans le sol pour servir de moules de fortune et l'amalgame qui en résultent ont été appelés barres de doigt. Il s'agissait de barres de métal petits comme un doigt et, par conséquent le nom.

L'athanor est le four des alchimistes. Même les cendres ont été utiles à des fins différentes, comme nous l'avons vu dans ce livre.

9 PIERRES ALCHIMIQUES

Dans mes œuvres alchimiques ou les études, j'ai commencé à expérimenter dans la calcination de bois de chêne. J'ai une cheminée bois brûlant dans lequel j'essaie d'utiliser des bois seulement pour que mes cendres soient exempts de contaminants. Le dernier incendie avait disparu depuis longtemps et j'ai creusé une partie de la cendre de chêne carbonisée. J'ai placé ce matériau dans des bocaux mason avec couvercles pour le garder propre pour mes études. J'ai acheté un nouveau plat allant au four avec un couvercle pour environ quinze dollars à mon magasin local et puis j'ai quelques-uns des cendres à une poudre fine au sol dans un de mes verre mortiers et pilons. J'ai placé ce matériau dans le plat et il cuit dans mon four pour une couple d'heures à environ 300 ou plus degrés. J'ai éteint le four et se mit au lit. Quelques jours plus tard, j'ai cuit il pour un autre couple d'heures, j'ai répété cette procédure plusieurs fois et a augmenté la chaleur chaque fois jusqu'à ce que j'étais une cuisson à la température la plus élevée qui rendrait mon four à gaz naturel. Une ou deux heures ici, une ou deux heures de là, augmenter la chaleur. Un jour j'ai enlevé le couvercle refroidi pour voir ce que j'avais, je m'attendais à voir des cendres bien calcinés gris clair... Cependant quand j'ai rassemblé tout d'abord mes cendres certains d'entre eux étaient noirs morceaux de bois brûlé, dont j'avais moulu en poudre fine, maintenant j'ai une fois de plus eu quelques morceaux de noir matière ressemblant il était retourné à l'État, il avait été en avant il a été moulu en poudre... intéressant. Il y avait une différence cependant, ces morceaux était en forme de carrés et rectangles et m'a rappelé des pierres de grande coupe précieuses en raison de la taille et formes mais ils ressemblaient à grumeaux noir carbonisés. J'ai décidé que je serait moudre ceux-ci encore mon mortier et pilon, ils étaient très et je veux dire très, difficile à briser. Je craignais que mon mortier et pilon rompait première mais j'ai finalement réussi à craquer une des pièces qui était beaucoup plus dur que le bois. J'ai commencé à envisager, de bois, cendres, carbonisés, charbon de bois, carbone, chaleur... et puis il est apparu sur moi. Les anciens alchimistes ont été répandus pour avoir la possibilité de créer des pierres de gemme grand d'une beauté exquise. Et puis à ce moment-là, qu'il était parfaitement sensé, comment ils avaient fait la découverte, si simple, par hasard vraiment. Dans cette étude de la nature les secrets semblent tomber dans la possession du poursuivant diligent. Une telle découverte simple. Les écrits de Théophraste Paracelse offrent ainsi un aperçu de la coloration des pierres alchimiques. Bhasmas métalliques, extrait de minerais métalliques, oui les pierres de philosophes depuis les cavernes des métaux et exalté par les mains des hommes. Belles teintes de bleu, vert, azul, imprégnant avec couleur, feu comme celle de l'or donné en pierre claire rappelant à moi de "Topaz", l'éclat du diamant, le beau rouge de la ruby teintée de fer (Flamels Dieu de la guerre) et de l'élégance pure de l'émeraude. Les anciens étaient également soupçonnés d'avoir la capacité de dissoudre des perles avec l'intention d'utiliser la teinture qui en résulte pour créer de plus ou plus précieuses perles. Voici un peu de la goody que j'ai trouvé dans mes recherches qui s'adapte très bien ici. La Reine d'Egypte Cléopâtre était censée avoir dissous perles dans du vinaigre avant de les consommer une partie de la teinture qui en résulte, qui croit qu'elle a des vertus médicinales ou un certain type de santé bénéficient. Cela donne une bonne partie ici de comment les anciens pourraient ont commencé un travail de création perles alchimiques.

10 THEORY OF VOYAGE DANS LE TEMPS

Temps est mesuré comme la terre tourne sur son axe. Une révolution complète équivaut essentiellement à 24 heures ou une journée. Comme cela se produit que la terre tourne aussi autour du soleil qui est le centre de notre univers dans un sens anti-horaire. De cette façon temps va de l'avant. En un an lumière peut parcourir environ 6 billions miles, ce qui équivaut à une année de lumière. Années terrestres et années-lumière sont évalués différemment et donc, pour voyager dans l'espace est de voyager dans le temps. Puisque la terre tourne dans le sens horaire, si une embarcation ou » objet « était à l'orbite de la terre dans le même sens tout en se déplaçant à la vitesse de la lumière il voyagerait théoriquement dans le futur. Si l'engin devait inverser sens cela serait considéré comme voyager dans le passé. Un autre point intéressant à considérer est que parfois les avions volent d'un fuseau horaire a un autre, Imaginez quitter ce soir et arrivant hier matin, maintenant que multiplient par plus de cent millions de fois en augmentant la vitesse.

Steven et Belle.

MATHEW 05:13

[13] Vous êtes le sel de la terre : mais si le sel a perdu sa saveur, avec quoi doit il être salé ? Il est dorénavant plus bon à rien, mais à être jeté dehors et à être foulé aux pieds par les hommes.
[14] Vous êtes la lumière du monde. Une ville qui se trouve sur une colline ne peut pas être cachée.
[15] Ni les hommes faire allumer une bougie et mettre sous le boisseau, mais sur un chandelier ; et il donne la lumière à tous ceux qui sont dans la maison.

A PROPOS DE L'AUTEUR

Certains ont posé la question, si vous avez découvert la connaissance de l'alchimie pourquoi vous partager avec le monde, pas seulement garder pour vous-même ?

Proverbes 03:16
Béni soit celui qui trouve la sagesse ;
Car elle est plus précieuse que les perles ;
Et rien de ce que vous désirez compare avec elle ;
Durée des jours est dans sa main droite ;
Et dans sa main gauche sont la richesse et l'honneur ;
Toutes ses voies sont agréables ;
Et tous ses sentiers sont la paix ;
Voici, Dianna a dévoilé.

S.A.S. 2016.

www.howtomakethephilosophersstone.com

www.ingramcontent.com/pod-product-compliance
Lightning Source LLC
Chambersburg PA
CBHW021446170526
45164CB00001B/422